专供版

时光盒子

[西班牙] 帕博罗·马埃斯特罗 著 [西班牙] 路易斯·费雷拉 绘
张雪玲 译

黑版贸审字08-217-013号

图书在版编目（CIP）数据

时光盒子 /（西）帕博罗·马埃斯特罗著；（西）路易斯·费雷拉绘；张雪玲译. — 哈尔滨：哈尔滨出版社，2018.6
（数学趣味故事：专供版）
ISBN 978-7-5484-3887-8

Ⅰ. ①时… Ⅱ. ①帕… ②路… ③张… Ⅲ. ①数学－少儿读物 Ⅳ. ①O1-49

中国版本图书馆CIP数据核字（2018）第 021796 号

Title of the original edition:MILENARI
Originally published in Spain by edebé, 2011
www.edebe.com

书　名：**时光盒子**

作　者：［西］帕博罗·马埃斯特罗　著　［西］路易斯·费雷拉　绘
译　者：张雪玲
责任编辑：马丽颖　孙　迪
封面设计：小萌虎文化设计部：李心怡

出版发行：哈尔滨出版社（Harbin Publishing House）
社　址：哈尔滨市松北区世坤路738号9号楼　邮编：150028
经　销：全国新华书店
印　刷：吉林省吉广国际广告股份有限公司
网　址：www.hrbcbs.com　www.mifengniao.com
E-mail：hrbcbs@yeah.net
编辑版权热线：（0451）87900271　87900272
销售热线：（0451）87900202　87900203
邮购热线：4006900345（0451）87900256

开　本：710mm × 1000mm　1/24　印张：1.5　字数：5千字
版　次：2018年6月第1版
印　次：2018年6月第1次印刷
书　号：ISBN 978-7-5484-3887-8
定　价：36.80元

凡购本社图书发现印装错误，请与本社印制部联系调换。　服务热线：（0451）87900278

噗！！！！！！！！

玻璃对开门在伊斯迈尔的眼前同时打开。

他摇摇晃晃地支起身子，但是克拉女士温暖的手抓住了他的肩膀。

克拉女士微笑着说："别急，伊斯迈尔，我们已经到了。"

伊斯迈尔吃惊地看着飞船外的景色，一片绿油油的草坪尽收眼底。他们已经来到地球上了！

伊斯迈尔看了看他火红色的数字手表。现在是公元3000年4月2日凌晨2点钟，距离从提坦星球出发已经过去了一星期，但是给人感觉仅仅过去了几分钟，因为全程他都是在睡眠中度过的。

很多年前，地球已经变成了自然保护区，因此伊斯迈尔和三年级的小朋友们是来此郊游的。他们一行共有十个小男孩儿和十五个小女孩儿，所有人对于地球之旅都非常兴奋。

伊斯迈尔最好的朋友卢娜在他耳旁悄悄说道：“你看到天有多蓝了吗，伊斯迈尔？无边无际呢。”

不久，伊斯迈尔一行人就来到了下榻的旅社，他们是乘坐马车去的呢，真是难以置信！

这次地球郊游的目的是认识一千年以前的人类。当晚，所有的人都在木桌旁吃了晚饭，早早地躺下休息了。

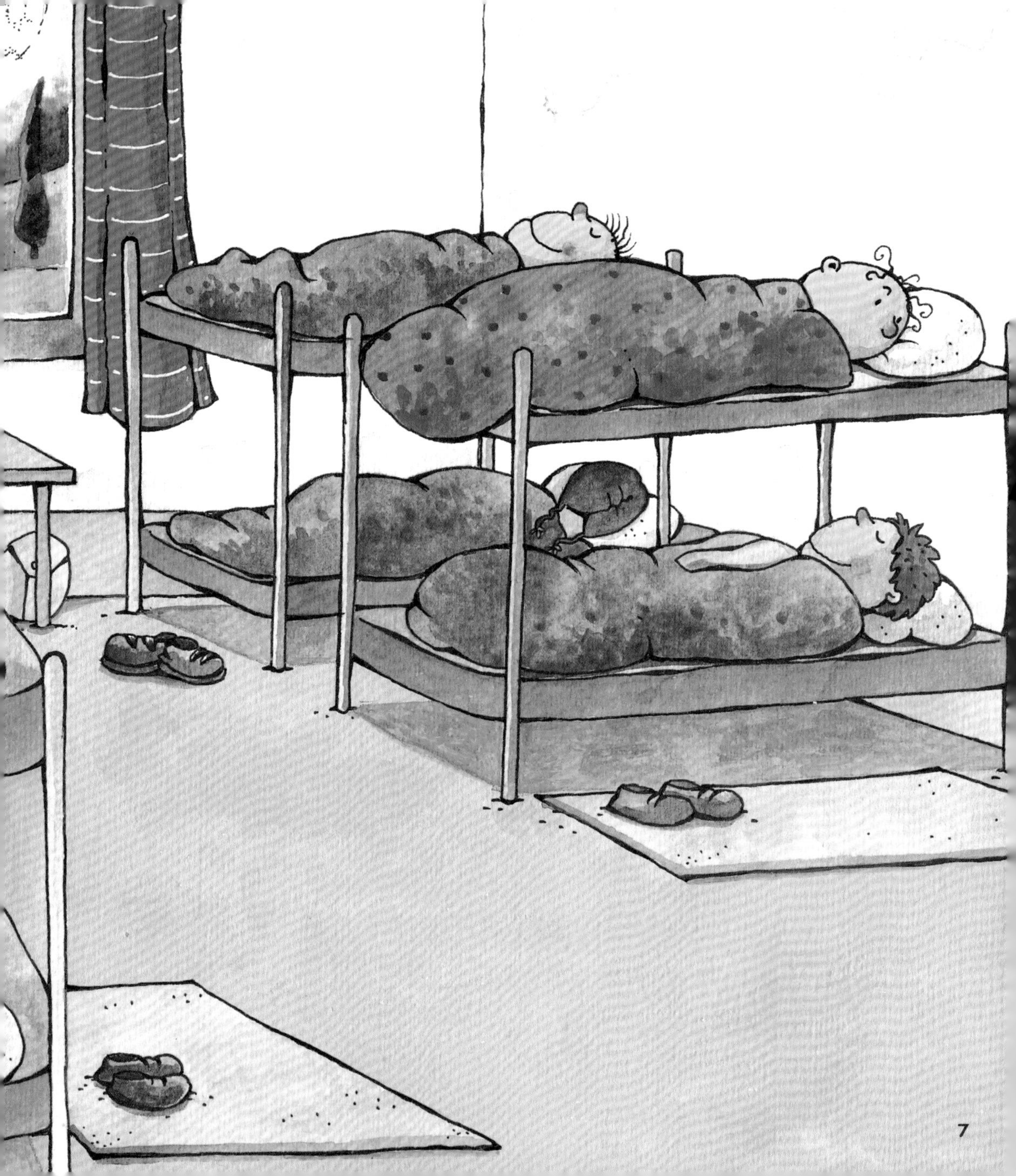

然而伊斯迈尔没有半点睡意，于是当灯光已灭、万籁俱寂之时，他决定自行探寻一番。伊斯迈尔拿起一只手电筒，爬上了通往顶层阁楼的宽楼梯。

吱！！阁楼大门吱吱嘎嘎地打开，伊斯迈尔好奇地走了进去，屋内灰尘遍布，满屋堆积着旧家具和稀奇古怪的老物件。

他花了很长时间打开抽屉和衣橱，直到一件物品引起了他的注意。那是一个泛红的盒子，盒子是关着的，但是一摇就能知道里面有东西。

最后，伊斯迈尔搞清楚了开关方法，把盒子打开了。

一把尺子，一把直角尺和一个三角板掉到了地上，里面还有一个圆规和量角器。这是什么东西啊？

伊斯迈尔下意识地抚摸这些物品……突然，一股无形的力量牵引住了他，伊斯迈尔眼前一黑，仿佛眩晕袭来，等他缓过神来睁开眼睛时……

伊斯迈尔坐在小课桌旁，身边是正在作图的小朋友们。他们所有人都拥有和他在盒子里找到的东西一样的工具。小朋友们用圆规画出了完整的圆圈，他们画着线，相互笑了笑，擦去原稿然后又开始重新画……

伊斯迈尔正在公元2000年的课堂里！他虽然习惯用电脑作画，但是还是决定观察一千年前的小朋友们如何作图，虚心学习。也许是这个小盒子的魔力让他穿越到了过去，无论如何，他已经来到了这里。

伊斯迈尔画了一个圆圈，涂上了颜色，然后又画了一个三角形，一些平行线，一个菱形……当课堂结束时，他把这些物品收回到盒子里。

拉上拉链，突然……嗖！

他又回到了顶层阁楼。

好朋友卢娜第二天早晨问他：“这奇怪的床你睡得惯吗？”

伊斯迈尔点点头，但是他没有把时光穿梭之旅的奇遇说出来，他还要想一想。

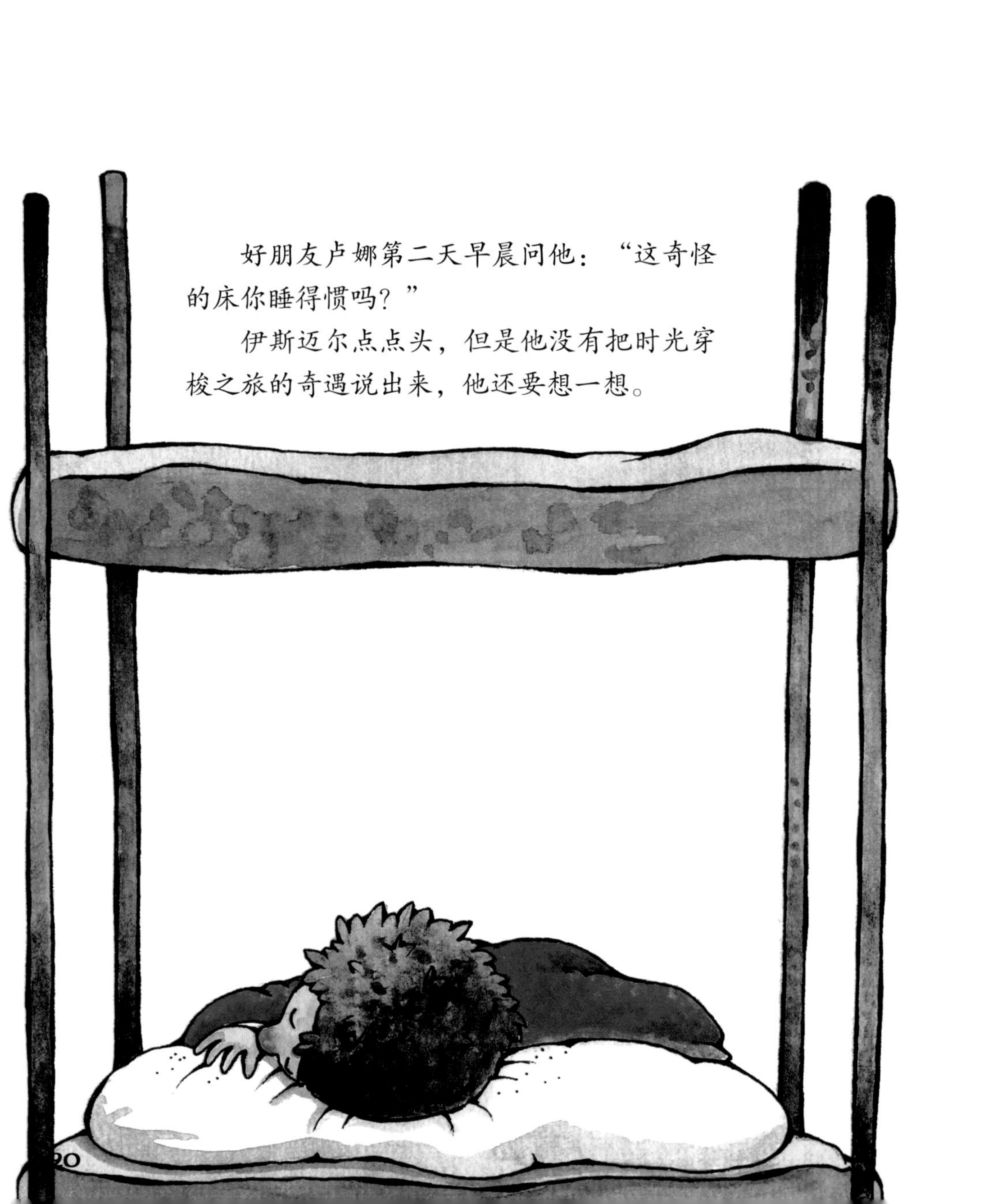

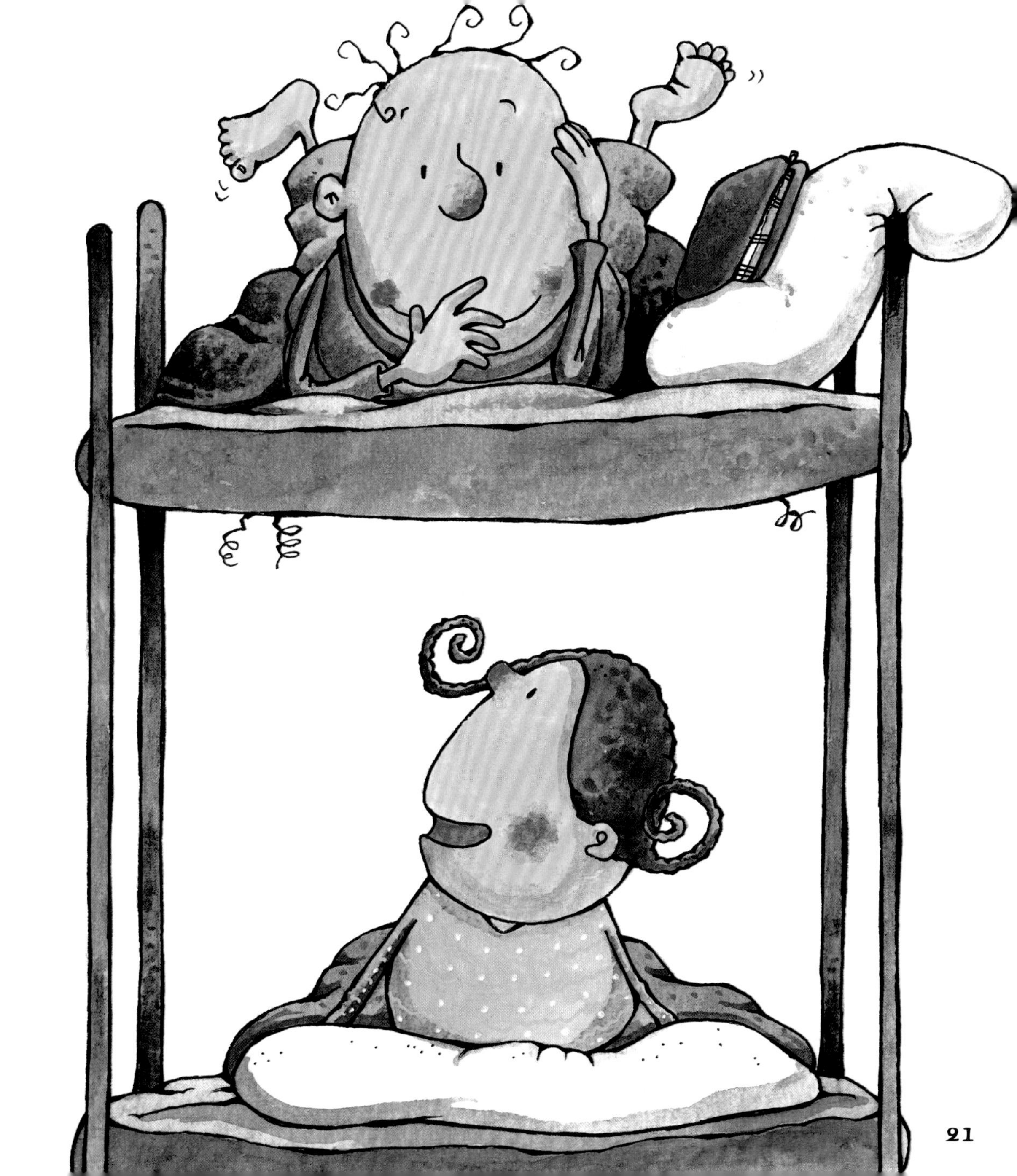

白天，伊斯迈尔和小伙伴们参观森林湖泊，有几天阳光普照，有几天则细雨绵绵。他们看到了以前只在电子屏幕上看到过的动物……每天晚上，伊斯迈尔都回到顶层阁楼，打开魔法盒子，穿梭到过去。

他画了很多几何图形，还结识了许多新朋友，直到最后一天。

伊斯迈尔想把盒子带到提坦星球，然而思索一番后决定最好还是把它留在这里。也许在未来的某一天，另一个小朋友也将学会用旧式方法作图。

卢娜对他说：“这几天真是太棒了。”

伊斯迈尔略带神秘地说：“晚上更是妙不可言。”

飞船慢慢升腾起飞，小朋友们看着地球越变越小。

伊斯迈尔满怀温情地回忆那些工具，他曾经用这些工具作了许多图形。不知不觉，伊斯迈尔睡着了，醒来时已经回到了家里。

数学趣味故事

数学趣味故事丛书里面的每个故事都围绕一个数学内容展开，故事讲述和数学教育浑然一体，让读者能自然而然、饶有兴趣地理解。少年儿童可以在阅读的过程中，潜移默化地吸收知识。

为了达到这种寓教于乐的效果，我们邀请了杰出的儿童文学作家、插图画家和数学教育专家。

《时光盒子》教会小朋友们爱护并合理使用**作图工具**，为今后画出直线、角、多边形以及圆形打下了基础。另外，本故事的背景设在了假想的未来，宣扬了一种**环境教育**的理念，教导孩子们爱护动物，保护环境，将珍爱地球当成所有人共同的责任。